Stefanie Tillmann

Flüsse, Fluviale Geomorphodynamik, Talformen und Deltas

GRIN Verlag

Bibliografische Information der Deutschen Nationalbibliothek:

Die Deutsche Bibliothek verzeichnet diese Publikation in der Deutschen National-
bibliografie; detaillierte bibliografische Daten sind im Internet über http://dnb.d-
nb.de/ abrufbar.

Impressum:

Copyright © 2005 GRIN Verlag GmbH
Druck und Bindung: Books on Demand GmbH, Norderstedt Germany
ISBN: 978-3-656-56152-1

Dieses Buch bei GRIN:

http://www.grin.com/de/e-book/45325/fluesse-fluviale-geomorphodynamik-talfor-
men-und-deltas

Hausarbeit/ Referat

im Hauptseminar

Thema:

Flüsse, Fluviale Geomorphodynamik, Talformen und Deltas

Johann Wolfgang Goethe-Universität
Frankfurt am Main

1

Inhaltsverzeichnis:

<u>1. Definition und Diskussion des Flussbegriffes:</u>

Flüsse sind in lang gestreckten, einseitig geöffneten Hohlformen der Landoberfläche fließende natürliche Wasserläufe, die umgrenzbare Flächen des Festlandes mit natürlichem Gefälle entwässern. *(Marcinek & Rosenkranz: 1996)*

Ein Fluss ist ein fließendes Gewässer in einem Oberflächlichen Gerinnebett mit im allgemeinen ausgeglichenen Gefälle. Kleineren Flüssen ist eine Wasserführung von minimal 10-20 bis 200 m³/s zuzuordnen; größere Flüsse erreichen 200- 2000 m³/s. Die untere Abgrenzung zu den Bächen und die obere Abgrenzung zu den Strömen ist jedoch nicht allgemein gültig festgelegt. Auch die Unterscheidung in Haupt- und Nebenflüsse kann nicht fixiert werden. Zu den Hauptflüssen gehören die das Meer oder einen Endsee erreichenden Flüsse und die Hauptentwässerungsadern großer Einzugsgebiete, welche in einem Strom münden. Nebenflüsse sind sämtliche Zuflüsse eines Hauptflusses, die aber ganz verschiedener Ordnung sein können. *(Leser, H.:1997)*

Der Begriff „fluvial" bzw. „fluviatil" bedeutet „vom Fluss geschaffen" oder „zum Fluss gehörig" im Sinne der Bildung von Georeliefformen oder sonstiger Arbeit des Wassers in der Landschaft. *(Leser, H.: 1995)*

<u>2. Hydrologische Grundlagen</u>

<u>2.1 Entstehung von Flüssen, Wasserführung</u>

Flüsse bilden sich dort, wo der Niederschlag die Verdunstung sowie die gelegentliche Versickerung übertrifft. Die zweite Voraussetzung stellt das Gefälle dar, wodurch der gefallene Niederschlag gezwungen ist dem Gesetz der Schwerkraft folgend zu fließen.

<u>2.2 Flüsse in verschiedenen Klimazonen (Perennierende, periodische und episodische Flussläufen)</u>

Je nach jahresperiodischem Niederschlag unterscheidet man zwischen **perennierenden (permanenten)**, **periodischen** und **episodischen Flussläufen**. Perennierende oder permanente Flüsse zeichnen sich durch eine ständige und ausdauernde Wasserführung aus und sind vor allem in humiden Klimazonen anzutreffen. Flüsse, die nur periodisch oder episodisch Wasser führen, werden als **intermittierend** bezeichnet. *(Marcinek & Rosenkranz: 1996)*

Flüsse entspringen aus **Quellen**, können durch das **Grundwasser** gespeist werden oder entstehen aus dem **Inlandeisrand** sowie aus **Gletschertoren** oder aus dem **Oberflächenabfluss**. **Seen** und **Sumpfgebiete** können ebenfalls als Quellbereiche fungieren. Die **Mündung** eines Flusses erfolgt meist in die **Haupterosionsbasis**, den Ozean. In Gebieten der Binnenentwässerung dienen Seen oder weitere Flüsse als **lokale Erosionsbasis**. Aufgrund hoher Verdunstungsraten und Abgabe des Flusswassers an das Grundwasser versiegen viele Flüsse in klimatischen Trockengebieten. In gesteinbedingten Trockengebieten, den Karstlandschaften versickern Flüsse in permeablem Gestein und fließen unterirdisch weiter.

Flüsse bilden sich nicht nur in humiden (feuchten) Gebieten sondern - wenn auch selten - in ariden (trockenen) und nivalen (kalten; nur feste Niederschläge) Regionen. Selbst auf, in und unter Inlandeis oder Gletschern fließen Flüsse (Abschmelzbereiche). *(Marcinek & Rosenkranz: 1996)*

Dementsprechend unterscheidet man zwischen **autochthonen** und **allochthonen** Flüssen. Autochthone Flüsse in humiden Gebieten sind perennierend und durch einen in der Regel flussabwärts zunehmenden Abfluss gekennzeichnet. In ariden Gebieten nimmt die periodische oder episodische Wasserführung flussabwärts ab. Die als Fremdlingsflüsse bezeichneten allochthonen Flussläufe entspringen in humiden bis nivalen Regionen und fließen entweder in Trockengebiete hinein (**endoreische Flüsse**

z. B. Wolga) und versiegen oder durchfließen (**diareische Flüsse**; z. B. Nil, Niger, Colorado) diese bis hin zum Ozean. Flussbetten und -täler, die sich in ariden Räumen befinden und nur periodisch oder episodisch Wasser führen, werden **äreisch** genannt.

2.3 Einzugsgebiet und Wasserscheiden

Die von einem fließenden Gewässer entwässerte Fläche heißt **Einzugs- oder Flussgebiet (FE)**. Die Grenzlinien zwischen den Einzugsgebieten werden als **Wasserscheiden** bezeichnet. *(Marcinek &. Rosenkranz: 1996)*

Einzugsgebiete werden in der Verebnung (Horizontalprojektion) vermessen, sodass eine reliefbedingte größere Oberfläche nicht berücksichtigt wird. Aufgrund des geologisch unterschiedlichen Untergrundes fallen oberirdische und unterirdische Wasserscheiden nicht zwangsläufig zusammen.

2.4 Der Begriff der Flussdichte

Die **Flussdichte** ist das Verhältnis der Lauflänge aller Wasserläufe eines Einzugsgebietes zu dessen Flächengröße. Die Angabe erfolgt meist in km/km². Unterschiedliche Flussdichten weisen auf einen unterschiedlichen Gesteinsuntergrund des Einzugsgebietes (z. B. Karstlandschaft) oder unterschiedliche Niederschlagsverhältnisse hin.

<u>3. Flussnetze und Gewässersystemarten</u>

Als **Gewässersystem** bezeichnet man die räumliche Anordnung von Wasserläufen und Seen ohne Rücksicht auf die Tal- und Seebeckenbildung. *(Marcinek & Rosenkranz: 1996; Press & Siever: 1995)*

Allgemein lassen sich folgenden Gewässersystemarten unterscheiden:

<u>Normaltyp:</u>

Der **Normaltyp** der Flusssysteme wird vor allem durch einen baumartig verzweigten Aufbau und seine Seearmut gekennzeichnet. Aufgrund von wechselnder Gesteinswiderständigkeit und Lagerungsverhältnissen lässt sich der Normaltyp in verschiedene Untertypen einteilen.

Als **dentritisch** bezeichnet man einen baumartig (griechisch *dendron* = Baum) verästelten Untertyp, der weitestgehend unabhängig von der Struktur des Untergrundes ist. Man findet ihn vorwiegend in homogenem Gestein wie zum Beispiel in horizontal lagernden Sedimenten sowie in massigen Magmatiten und Metamorphiten. *(Press & Siever: 1995)*

Der **radiale** Untertyp zeichnet sich durch seine von einem aufgewölbten, kreisförmigen Grundriss ausgehenden Wasserläufe aus. Oft ist dieser durch Vulkane, Plutone, Lakkolithe oder Salzdome (Diapire) bedingt.

Der **zentripetale** Untertyp dagegen richtet seine Wasserläufe einem Zentrum entgegen, dass ebenfalls einen kreisförmigen Grundriss besitzt, jedoch unter dem Höhenniveau der Quelle liegt. Dabei kann es sich um Binnenseen, Becken, Krater und Calderen handeln.

Der **winklige** oder **rechtwinklige** Untertyp tritt entlang von Störungszonen und Klüften auf.

Der **spalierartige** Untertyp ist dort zu finden, wo schichten-verwitterungsresistente Gesteine mit schnell verwitterbaren Gesteinsschichten wechseln wie zum Beispiel in Schichtstufenlandschaften oder in Faltungsgebieten.

Dem **parallelen** Untertyp liegt eine Steuerung durch Abdachungsverhältnisse zugrunde.

Ein **anthropogen** beeinflusster Untertyp lässt sich bei einer Kanalisation oder Begradigung feststellen.

<u>Jungmoränenentyp:</u>

Im Gegensatz zum Normaltyp, der sich durch einen übersichtlichen und hirachischen Aufbau auszeichnet, lässt sich der **Jungmoränenentyp** als unübersichtliche Gewässersystemart charakterisieren. *(Marcinek & Rosenkranz: 1996)* Der Jungmoränenentyp ist vor allem in Binnenentwässerungsgebieten anzutreffen wie zum Beispiel im Alpenvorland oder in Skandinavien.

<u>Karsttyp:</u>

Der **Karsttyp** zeichnet sich durch permeable und lösliche Gesteine wie beispielsweise Kalkstein, Mergel, Dolomit und Gips aus, die der Kohlensäureverwitterung ausgesetzt sind. Die Entwässerung geschieht vorwiegend unterirdisch. *(Press & Siever: 1995)*

4. Transportkapazität des fließenden Wassers

Jede Flüssigkeit fließt in Abhängigkeit von ihrer **Geschwindigkeit, Viskosität** und **Fließgeometrie** entweder **laminar** oder **turbulent.** Im Falle einer laminaren Strömung verlaufen die Stromlinien parallel zueinander. Die turbulente Strömung zeichnet sich durch ein vermischen, überkreuzen und gegenseitiges beeinflussen der Stromlinien aus. Dabei können Wirbel und Strudel entstehen. Aufgrund der geringen Viskosität von Wasser bei Raumtemperatur neigen die meisten Wasserläufe in der Natur zu turbulentem Fließen. In flachen Uferbereichen, wo das Wasser langsam fließt, lässt sich hingegen laminare Strömung beobachten.

Als **Abfluss** bezeichnet man die Wassermenge, die in einer bestimmten Zeit durch den Flussquerschnitt (Produkt aus Breite x Tiefe) tritt. Der Abfluss wird gewöhnlich in Kubikmeter pro Sekunde angegeben. Der Abfluss eines kleineren Flusses liegt dabei zwischen 0,25 und 300 Kubikmetern pro Sekunde. Der Abfluss des Mississippi beträgt zu Zeiten des Minimums 1400 Kubikmeter pro Sekunde und zu Zeiten des Hochwassers über 57000 Kubikmeter pro Sekunde. *(Press & Siever: 1995*

Das turbulente Fließen ist für den Sedimenttransport verantwortlich, der entweder in **Suspension** (Tonfraktion) durch **Saltation** (Sand) oder rollend und schiebend an der Sohle des Flussbettes (Sand und Kies) erfolgt.
(Press & Siever: 1995)

Durch den saltatorischen Transport von Sandkörnern im Flussbett entstehen schräggeschichtete **Rippeln** und **Dünen.** Rippeln sind niedrige, schmale Kämme, die durch etwas breitere Tröge getrennt sind. Die Kämme haben stromauf (Luvseite) einen flachen und stromab (Leeseite) einen steilen Hang. Als Dünen bezeichnet man Rippeln ab einer Größe von ca. 1 Meter. *(Press & Siever: 1995)*

Im Allgemeinen unterscheidet man zwischen **Geröllfracht, Schwebefracht** und **Lösungsfracht.** Teils wird die Fracht dem Fluss durch Prozesse der **Verwitterung** und

Denudation von den Hängen und aus dem Grundwasser des Einzugsgebietes zugeführt, teils stammt sie aus dem Flussbett selbst.

Die **Lösungsfracht** ist in erster Linie Produkt der chemischen Verwitterung und enthält vorwiegend Ione und Salze. Diese können ebenso durch den Niederschlag in den Fluss gelangen.

Die **Schwebefracht** besteht aus Feststoffpartikeln der Ton-, Schluff- und Siltfraktion), die klein und leicht genug sind um, von ihrem Auftrieb und der Turbulenz des Flusswassers in der Schwebe bzw. **Suspension** gehalten und so vom Wasser mitgeführt zu werden. Die Ton-, Schluff- und Siltpartikel der Schwebefracht stammen vorwiegend von den Böden der Landoberfläche und werden durch **Spüldenudation** bei Starkregen in den Fluss transportiert. Daher rührt ach die Schlammfärbung der Flüsse bei **Starkregen-Hochwässern**. Auch die Erosion der Uferböschung kann Schwebefracht liefern. Betrachtet man sich den Flussquerschnitt, so stellt man fest, dass die Schwebefrachtkonzentration an den Rändern des Flussbettes sowie nahe der Flussbettsohle erheblich höher ist als in der Mitte des Flusses sowie an der Flussoberfläche. *(Ahnert, F.:1996)*

Die **Geröllfracht** besteht aus Schottern und Flussgeschiebe, das sind vor allem Partikel der Sand-, Kies- und Geröllfraktion ab 2 mm Größe. Diese stammen ursprünglich von den Talhängen und gelangten vorwiegend durch **denudative Massenbewegungen** in den Fluss. In Gebieten mit erhöhter physikalischer Verwitterung dominiert der Anteil an Geröllfracht das Erscheinungsbild des Flusses. Durch den Flusstransport werden die Produkte der physikalischen Verwitterung gerundet und somit zu fluvialen Geröllen. *(Ahnert, F.: 1996)*

Die Fähigkeit einer Strömung Material einer bestimmten Korngröße zu transportieren, ist ihre **Kompetenz**. Die gesamte pro Zeiteinheit transportierte Sedimentfracht bezeichnet man als **Transportkapazität**. *(Press & Siever: 1995)*

Als **Sinkgeschwindigkeit** wird die Geschwindigkeit bezeichnet, mit der die unterschiedlichen Partikel einer Suspension zu Boden sinken. Die Sinkgeschwindigkeit erhöht sich mit der Dichte der Partikel.

5. Das Flusslängsprofil

"Das **Längsprofil** ist die graphische Darstellung der Höhenlage des Flusses als Funktion seiner Distanz von der Quelle in einem rechtwinkligen Koordinatensystem."
(Strahler & Strahler: 1999)

Die konkave, nach oben offene Kurve beschreibt ein stromabwärts kleiner werdendes Gefälle. Gründe dafür sind zum einen die Zunahme des Abflusses bedingt durch die einmündenden Nebenflüsse und die damit verbundene erhöhte Leistungsfähigkeit in Bezug auf den Sedimenttransport sowie die Abnahme der mittleren Korngröße in Richtung Flussmündung. Im Allgemeinen erodiert ein Fluss zunehmend in seinem Oberlauf und sedimentiert die durch die Erosion und Verwitterung entstandene Fracht in seinem Unterlauf. Das Längsprofil wird in seinem unteren Ende durch die Erosionsbasis des Flusses (z. B. Ozean; Binnensee) begrenzt. Unregelmäßigkeiten im Längsprofil können zum Beispiel durch eine Veränderung der Erosionsbasis (z. B. Meeresspiegelanstieg) sowie einen Gesteinswechsel hervorgerufen werden. Der Fluss ist generell bestrebt diese auszugleichen.

6. Fluviale Erosion

Wasserfälle und **Stromschnellen** entstehen durch eine Versteilung des Flussbettes sowie die dadurch verbundene Intensivierung der Fließgeschwindigkeit und der

Tiefenerosion. Als Tiefenerosion (**Linearerosion**) bezeichnet man die erosive Tieferlegung der Flussbettsohle. *(Ahnert, F.: 1996)*

Voraussetzung für die Entstehung von Wasserfällen sind unterschiedlich harte Gesteine. Die harten Partien werden zum Fallbildner, während die morphologisch weicheren von dem wirbelnden Wasser ausgeräumt werden. Die harte Oberfläche, in der das Flussbett verläuft, widersteht lange der Erosion (Abrasion). Sobald jedoch die weichere Unterlage weit genug ausgeräumt ist, brechen Teile des darüber lagernden Fallbildners nach. Dadurch bleibt die Wand des Wasserfalls steil und die Fallkante wird nach und nach flussaufwärts verlegt. Diesen Vorgang bezeichnet man als **rückschreitende Erosion.**

Weitere durch **Abrasion** (Prozesse der mechanischen Abnutzung) entstandene Formen sind **Sturzbecken, Schussrinnen, Tröge** und **Felskolke** (zylinderförmige Öffnung im anstehenden Gestein des Flussbettes). Diese sind vorwiegend in Gebirgsflüssen zu finden. *(Strahler &. Strahler : 1999; Press & Siever: 1995)*

Unter **Korrosion** versteht man eine weitere Form der Erosion, wobei die Gesteinsverwitterung durch chemische Prozesse bedingt ist.
(Strahler & Strahler : 1999)

Eine weitere wichtige Form der Erosion ist die **Seitenerosion (Lateralerosion)**. Als Seitenerosion bezeichnet man eine erosive Rückverlegung des Flussufers. Dabei wird der über dem Wasserspiegel liegende Teil der Uferböschung unterschnitten und versteilt. *(Ahnert, F.: 1996)*

<u>7. Talformen:</u>

Der Begriff "**Tal**" bezeichnet im Allgemeinen eine Vertiefung der Erdoberfläche, die oft von einem Fluss durchzogen wird. Täler kommen in fast allen Klimazonen der Erde vor und sind somit weltweit verbreitet. Jedoch unterscheiden sie sich durch das Längs- und Querprofil sowie durch rezente geomorphodynamische Prozesse und Materialführung. Täler ohne rezente Fließgewässer sind in der Mehrzahl auf die Zeit des Pleistozäns zurückzuführen. Das Längsprofil eines Tals wird von tektonischen, eustatischen und epigenetischen Hoch- oder Tieflagen im Quell- und/oder Mündungsbereich bestimmt. Das Querprofil geht auf das Zusammenspiel von **Tiefen- und Seitenerosion, Akkumulation, Hangdenudation** sowie Gesteinsart und -Lagerung zurück. Jedes Tal wird auf beiden Seiten von **Talhängen** eingefasst. Diese besitzen entweder **konvexe** oder **konkave** Form. Die tiefste Stelle des Tals wird als **Talboden** bezeichnet. Dort fließt der Fluss. Ist eine **Talsohle** entwickelt, so reicht diese bis hin zum Fuß des Talhanges. Wird diese regelmäßig in Hochwasserzeiten überschwemmt, so spricht man von einer **Talaue.**

Form und Neigung der Talhänge sowie Breite und Gestalt des Talbodens lassen verschiedene Talformen unterscheiden. Diese sind **Klamm, Schlucht, Canon, Kerbtal, Sohlenkerbtal, Sohlental, Kastental, Wannental, Muldental**. *(Leser, H.: 1995)*

Eine **Klamm** ist ein enges, tiefes Tal mit senkrechten bis überhängenden Felswänden. Das Tal ist nur so breit, wie der Fluss selbst. Die Entstehung einer Klamm ist durch alleinige Tiefenerosion dominiert. Hangdenudation und Seitenerosion spielen dabei keine Rolle. Voraussetzung zur Entstehung einer Klamm sind ein starkes Gefälle und die damit verbundene erhöhte Fließgeschwindigkeit. Die Abrasion wird durch eine extreme Geröllführung ermöglicht. Klammen finden wir häufig in Hochgebirgen wie den Alpen. Beispiele sind die Breitachklamm und die Partnachklamm in Oberbayern. Geologisch gesehen führt die Entstehung der Klammen in den Alpen zurück in die letzte Eiszeit vor ca. 10.000 Jahren. Eine Klamm bildet sich beispielsweise an der Stufenmündung des ehemals glazialen Hängetals zum glazialen Haupttal, dem Trogtal. Durch rückschreitende Erosion infolge starker Tiefenerosion in Verbindung mit Strudellochbildung und Gravitationsprozessen entsteht die typisch steile Form. *(Leser, H.: 1997)*

Im Gegensatz zur Klamm besitzt die **Schlucht** weniger steile Wände, was auf die verwitterungsanfälligeren Gesteine zurückzuführen ist.

Ein **Kerbtal** ist das Produkt aus starker Tiefenerosion und erhöhter Hangdenudation. Gekennzeichnet wird es durch den v-förmigen Querschnitt. Das Flussbett nimmt auch bei diesen Tälern den gesamten Talboden ein, der durch konvex gekrümmte Hänge eingefasst ist. Kerbtäler finden wir vor allem in den Mittelgebirgen.

Der Unterschied zwischen einem Kerbtal und einem **Sohlenkerbtal** besteht in der breiteren, meist aufgeschotterten Talsohle. Diese entsteht durch zusätzliche Akkumulation und Seitenerosion. Sohlenkerbtäler weisen meist steile, gestreckte Hänge auf, die konkav- oder konvex gewölbt sind.

Der **Canon** unterliegt ebenfalls der Tiefenerosion. Die getreppten Hänge werden durch verschiedene verwitterungsresistente Gesteinsschichten hervorgerufen. Die Talsohle ist mit dem Gewässerbett identisch. Als Musterbeispiele dient der Colorado-Canon in Arizona.

Ein **Kastental** entsteht durch starke Tiefenerosion verbunden mit gleichzeitiger Seitenerosion, die direkt am Hangfuß ansetzt und die Hänge somit steil hält. Die Talsohle des Kastentals ist verhältnismäßig breit. Ist das Gewässerbett nicht mit der Talsohle identisch, gibt dies dem Fluss die Möglichkeit, seinen bisherigen Flusslauf zu verlassen, auszuweichen und zu verwildern. Kastentäler findet man beispielsweise im Oberen Neckartal.

Das **Sohlental** ist eine Sonderform des Sohlenkerbtals. Hierbei ist die Tiefe des Tals geringer als die Breite der Talsohle. Die Talsohle ist meist durch Akkumulation entstanden. Der Hauptprozess, der zur Entstehung eines Sohlentals führt ist die Seitenerosion, die nach Aussetzung der Tiefenerosion beginnt. Die flachen Talhänge können konvex oder konkav sein.

Starke Hangdenudation mit großen Materialzulieferungen, welche der Fluss nicht vollständig abtransportieren kann, führen zur Bildung eines **Wannentals**. Zwischen Talboden und Hängen besteht ein leicht konkaver Übergang, der im oberen Hang konvexe Form annimmt. Wannentäler finden sich auch auf den Hochflächen im Rheinischen Schiefergebirge.

Ein **Muldental** ist durch seine fehlende Talsohle gekennzeichnet. Grund dafür ist die geringe Eintiefung sowie die vorherrschenden hangdenudativen Prozesse. Seitenerosion findet nicht statt. Sowie die Wannentäler sind auch die Muldentäler auf den Mittelgebirgshochflächen beheimatet. Ein großer Vorteil für die Bildung von Muldentälern sind leicht erodierbare Lockersedimente wie zum Beispiel das pleistozäne äolische Sediment Löß. *(Leser, H.: 1995)*

8. Genese von Flussterrassen:

Wenn sich ein Fluss in seine Überschwemmungsebene einschneidet, dann bilden sich alluviale **Terrassen** oder Felsterrassen. *(Goudie, A.: 1993)* Terrassen sind somit erdgeschichtlicher Ausdruck der fluvialen Geomorphodynamik. *(Leser, H.: 1995)* Liegen die Terrassen beider Talseiten auf gleicher Höhe, nennt man sie **paarig**. Andernfalls werden sie als **unpaarig** bezeichnet. Die Terrassenbildung führt meist zurück ins Pleistozän, als ständige Klimawechsel zwischen Kalt- und Warmzeiten dominierten. Beim Übergang zur Kaltzeit nimmt die Frostsprengungsverwitterung zu, ebenso werden Denudations- und Massenverlagerungsprozesse durch Solifluktion und Abspülung belebt. *(Leser, H.: 1995)* Aufgrund der zurückgehenden Wasserführung durch die vorwiegend festen Niederschläge kommt es zur Akkumulation des erodierten Materials. Mit einem erneuten Klimawechsel von Kalt- zur Warmzeit erhöhen sich die flüssigen Niederschläge und somit die Tiefenerosion. Eine Materialzufuhr findet nicht mehr statt. Dadurch wird der durch Aufschüttung gekennzeichnete Talboden aus der vorhergehenden Kaltzeit zerschnitten. Es bildet sich somit eine Terrassenoberfläche.

Durch den Wechsel von **Akkumulation** in den Kaltzeiten und **Tiefenerosion** in den Warmzeiten entsteht mit der Zeit eine Terrassentreppe.

9. Deltas und Schwemmkegel:

Wenn ein Fluss in einen See oder ins Meer (Erosionsbasis) fließt, nimmt seine Geschwindigkeit ab und er akkumuliert seine Sedimentfracht aufgrund geringerer Transportkapazität. Unter günstigen Bedingungen baut dieses Sediment eine fächerförmige Ablagerung, ein **Delta** auf.
(Goudie, A.: 1993; Press & Siever: 1995)

Als Delta bezeichnet man demnach eine Aufschüttung von fluvialen Lockersedimenten vor einer Flussmündung in das Meer, oder einen See mit einem dreieckigen Grundriss.
(Leser, H.: 1997)

Während der Akkumulation erfolgt eine Materialsortierung, wobei die groben Komponenten zuerst und die feineren Partikel zuletzt abgelagert werden. Die Lösungsfracht wird durch chemische Prozesse ausgefällt. dadurch entsteht die für ein Delta typische sedimentologische Schichtung in Plattformsanden (Topset beds) und Delta-Hangsedimenten (Foreset beds), die wiederum auf Delta-Bodensedimenten (Bottomset beds) lagern.

Die Deltabildung ist an verschiedene Bedingungen geknüpft. So ist es von Vorteil, wenn ein Fluss, der in ein Meer mündet, eine große Menge an Sedimentfracht mit sich führt. Demnach wird an der Mündung mehr Sediment akkumuliert als durch küstenparallele Meeresströmung und Wellen erodiert wird. Generell bilden abflussstarke Flüsse ausgeprägtere Deltas als Flüsse mit geringer Transportkapazität. Auch die Küste sollte einige Voraussetzungen erfüllen So verhindern starke Strömungen und ein starker Tidehub im Bereich der Flussmündung, dass sich das vom Fluss mitgeführte Material vor der Küste ablagert und ein Delta aufbaut. Im Allgemeinen unterscheidet man zwischen **Spitzdelta, Flügeldelta, Fingerdelta, Bogendelta und Ästuardelta.**

Darüber hinaus gibt es noch weitere Akkumulationsformen wie zum Beispiel **Schwemmfächer** und **Schwemmkegel.** Diese Formen entstehen dann, wenn eine plötzliche Gefälleverminderung und die daraus resultierende Abnahme der Fließgeschwindigkeit eintretende. **Akkumulation** kann sowohl **temporär** als auch **definitiv** und damit endgültig von statten gehen.

10. Formen von Flussläufen:

Flussläufe lassen sich in drei Kategorien einteilen. Es gibt **verwilderte**, **mäandrierende** und **geradlinige** Flüsse. Jeder Fluss kann an verschiedenen Stellen seines Laufes jede dieser drei Formen annehmen.

Im Allgemeinen bezeichnet man einen Fluss als geradlinig wenn er auf seiner Strecke, die dem Zehnfachen seiner Breite in diesem Abschnitt entspricht, gerade fließt. Viele Flussläufe sind für die Schifffahrt oder aus Gründen des Hochwasserschutzes anthropogen begradigt worden. Durch die Beseitigung von Mäanderschlingen werden Überschwemmungen zwar aufgrund des verkürzten Laufs und der damit verbundenen erhöhten Fließgeschwindigkeit vermindert, doch wird die Hochwasserspitze lediglich flussabwärts verlagert.

Als **Mäander** wird ein Fluss bezeichnet, wenn die Flusslänge zwischen zwei Punkten mindestens das Anderthalbfache der Tallänge beträgt.

Das Maß der Intensität des Mäandrierens eines Flusses ist seine **Sinuosität** *(Ahnert, F.: 1996)*

Das Verhältnis von Lauflänge zu Tallänge ist das **Krümmungsverhältnis**.

Verbindet man die tiefsten Punkte entlang eines Flusslaufs, so erhält man den **Talweg**.
(Goudie, A.: 1993)

Mäander entstehen vorzugsweise auf homogenem Material. In den Außenbögen der Schlingen oder Mäander wirkt die Seitenerosion am stärksten, weil hier der **Stromstrich** - die Linie der stärksten Strömung - gegen die Uferböschung prallt. Diese Stelle wird als **Prallhang** bezeichnet. Die dem Prallhang gegenüberliegende Seite, wo vorwiegend Material akkumuliert, wird dementsprechend als **Gleithang** bezeichnet. Die Seitenerosion sorgt ebenfalls dafür, dass die Krümmungen flussabwärts und die Hälse der Schlingen aufeinander zuwandern, bis diese schließlich durchbrochen sind. Somit hat der Fluss an dieser Stelle seinen Lauf verkürzt und die ehemaligen Flussschlingen bleiben als allmählich verlandende **Altwässer (oder Altwasserarme)** zurück. In dem verkürzten Streckenabschnitt nimmt die Tiefenerosion zu. Im Allgemeinen unterscheidet man zwischen **Talmäander** und **Wiesenmäander (freie Mäander)**.Wiesenmäander entstehen dort, wo der Fluss auf Lockersedimenten fließt. Talmäander sind vor allem durch Tiefenerosion im Festgestein geprägt. Demnach mäandriert nicht nur der Flusslauf, sondern auch das gesamte Tal.

Ein breites flaches Flussbett sowie die rasche Verschiebung von Wasserläufen sind Kennzeichen eines **verwilderten Flusses ("braided river")**. Die Vorkommen verwilderter Flüsse beschränken sich auf semiaride Gebiete mit flachem Relief, die ihren Abfluss aus Gebirgsregionen erhalten sowie glaziale Sanderebenen, periglaziale Gebiete und Hochlandflächen. Diese Gebiete stellen die von verwilderten Flüssen bevorzugten groben Ablagerungen (z. B. Geschiebefracht, glaziale Sander) zu Verfügung. Auch der Main hatte im Pleistozän einen verwilderten Flusslauf.

Literaturverzeichnis:

Ahnert, F. (1996): Einführung in die Geomorphologie. - Verlag Eugen Ulmer, Stuttgart

Dalchow, C. (1989): Geoökologie-Geomorphologie. - Catena Verlag, Cremlingen

Goudie, A. (1993): Physische Geographie. - Spektrum Akademischer Verlag, Heidelberg

Hantke, R. (1993): Flußgeschichte Mitteleuropas. - Enke Verlag, Stuttgart

Kern, K. (1994): Grundlagen naturnaher Gewässergestaltung. - Springer Verlag, Berlin, Heidelberg, New York

Leser, H. (1995): Geomorphologie. - Westermann, Braunschweig

Leser, H. (1997): Wörterbuch der Allgemeinen Geographie. - Westermann, München, Braunschweig

Louis, H. (1979): Allgemeine Geomorphologie. - de Gruyter Lehrbuch, Berlin, New York.

Marcinek, J. und Rosenkranz, E. (1996): Das Wasser der Erde. -Justus Perthes Verlag, Gotha

Press, F. und Siever, R. (1995): Allgemeine Geologie. -Spektrum Akademischer Verlag, Heidelberg

Strahler, A. H. und A. N. Strahler (1999): Physische Geographie. -Verlag Eugen Ulmer, Stuttgart

Weber, H. (1958): Die Oberflächenformen des festen Landes. - Teubner, Leipzig